BEI GRIN MACHT SICH IHR WISSEN BEZAHLT

- Wir veröffentlichen Ihre Hausarbeit, Bachelor- und Masterarbeit

- Ihr eigenes eBook und Buch - weltweit in allen wichtigen Shops

- Verdienen Sie an jedem Verkauf

Jetzt bei www.GRIN.com hochladen und kostenlos publizieren

Bibliografische Information der Deutschen Nationalbibliothek:

Die Deutsche Bibliothek verzeichnet diese Publikation in der Deutschen National-
bibliografie; detaillierte bibliografische Daten sind im Internet über http://dnb.d-
nb.de/ abrufbar.

Impressum:

Copyright © 2014 GRIN Verlag
Druck und Bindung: Books on Demand GmbH, Norderstedt Germany
ISBN: 9783668617667

Dieses Buch bei GRIN:

https://www.grin.com/document/387615

Anna-Lena Diez

Energie und Ressourcen. Das McKelvey-Diagramm

GRIN Verlag

Westfälische Wilhelms-Universität Münster
Institut für Geographie

Hausarbeit

Energie und Ressourcen
-
Das McKelvey-Diagramm

Seminar: Energiegeographie
Modul: Angewandte Geographie
Wintersemester 2013/2014

Anna-Lena Diez
Zwei-Fach-Bachelor Geographie/Biologie
5. Fachsemester

I. Einleitung:

Das Thema Energie wird in der heutigen Zeit immer zentraler und tritt immer mehr in den Vordergrund, auch bei politischen und wirtschaftlichen Diskussionen. Dabei setzt man sich über die noch vorhandenen Ressourcen und Reserven auseinander.

In der folgenden Ausführung über den Zusammenhang zwischen Ressource, Reserven und Energie wird im Vordergrund das Reserve-Produktionsverhältnis und das McKeley-Diagramm besprochen. Das McKelvey-Diagramm gibt dabei die Rohstoff-Ressourcen an, die zum Angebot stehen, in Abhängigkeit geologischer Sicherheit und Wirtschaftlichkeit.

Zum besseren Verständnis werden die Begriffe Ressourcen, erschöpfbare natürliche Ressourcen und Reserven zu Beginn besprochen und definiert.

II. Begriffserläuterungen:

1. Ressourcen:

Ressourcen umfassen „...sämtliche auf der Erde physisch vorhandenen Rohstoffvorkommen."[1] Es sind diejenigen Mengen eines Energierohstoffes, die entweder nachgewiesen, aber derzeit nicht wirtschaftlich gewinnbar sind oder aber die Mengen, die auf Basis geologischer Indikatoren noch erwartet werden und mittels Exploration[2] nachgewiesen werden können. Somit kann man sagen, dass Ressourcen die Summe aller existierender Rohstoffe innerhalb einer Region sind. Dabei ist die Möglichkeit der wirtschaftlichen Gewinnung entweder noch nicht geklärt oder zum derzeitigen Zeitpunkt nicht möglich.

---

[1] WACKER, H. u. J. BLANK (1999): Ressourcenökonomik. Band 2: Einführung in die Theorie erschöpfbarer natürlicher Ressourcen. München. Wien. Seite 4
[2] Erkundung von Lagerstätten und Abbaumöglichkeiten für erschöpfliche Ressourcen

2. Erschöpfbare natürliche Ressourcen:

Stellen Ressourcen dar, die sich innerhalb menschlicher Zeiträume nicht erneuern können. Die natürliche Zeit der Erneuerung liegt dabei jenseits der ökonomischen Relevanz.

Erschöpfbare natürliche Ressourcen lassen sich in zwei Typen gliedern:
- a) Ressourcen, die durch Nutzung verbraucht werden

    (z.B. Energieressourcen wie Kohle, Erdöl und Erdgas)
- b) Ressourcen, die nach der Nutzung wieder dem Produktionsprozess zugeführt durch Rezyklierung werden können

    (z.B. mineralische Ressourcen)

Diese Rezyklierung erfordert wieder Input von Produktionsfaktoren[1], wobei die verfügbare Konsummenge wiederrum reduziert wird.

Dabei stellen sich weitere Probleme ein:
- a) Optimale Nutzung der Ressourcen über die Zeit
- b) Abwägung, ob Primärressourcen[2] oder Sekundärbestand[3] erfolgen soll trotz Rezyklierungsmöglichkeiten

Energieressourcen kommen in Form von Stromgrößen, aber auch in Form von Bestandsgrößen vor. Da die Erde kein geschlossenes System ist, sondern ununterbrochen unendlich lange Energiezuflüsse in Form von Sonnenenergie erhält. Diese Energiezufuhr ist somit eine Stromgröße. Diese Sonnenenergie kann wiederum durch Photovoltaik direkt oder indirekt über nachwachsende Rohstoffe genutzt werden. Energieressourcen findet man als Bestandsressourcen in Kohle-, Erdöl- und Erdgasvorkommen. Diese Vorkommen sind somit erschöpfbar, da sie sich innerhalb menschlicher Zeiträume nicht mehr regenerieren.

Tabelle I (siehe Anhang) zeigt den Überblick über die Einordnung natürlicher erschöpfbarer Ressourcen. Auf der einen Seite wird die Nutzung durch Bestandsabbau und auf der anderen Seite die direkte Nutzung dargestellt.

---

[1] Alle materiellen und immateriellen Mittel und Leistungen, die an der Bereitstellung von Gütern mitwirken
[2] Ressourcen aus dem natürlichen Bestand
[3] Ressourcen durch Rezyklierung

Dabei wird zwischen Bestandsressource und Stromressource unterschieden. Weiterhin wird bei der Nutzung durch Bestandsabbau nochmals zwischen „Nicht-rezyklierbar" (Energieressourcen) und „Rezyklierbar" (Metallische Rohstoffe) differenziert. Die Biomasse gehört in diesem Fall zu den Stromressourcen. Unter den Punkt „direkte Nutzung fallen die „Nicht-metallischen Rohstoffe" und die „Sonnenenergie bzw. Erdwärme".

3. Reserven:

Reserven sind nachgewiesene, zu heutigen Preisen und mit heutiger Technik wirtschaftlich gewinnbare Energierohstoffmengen. Das heißt sie sind „der Anteil der Ressource ..., die zu einer großen Wahrscheinlichkeit abgebaut werden kann. Entgegen der Ressource lässt die Reserve eine verlässliche Bewertung zu, was an ihrer mengen- und lagemäßigen Bestimmbarkeit liegt. Durch ein Gutachten können Ressourcen jederzeit über die aktuelle wirtschaftliche Abbaubarkeit in eine solche Reserve umgewandelt werden. Diese werden dann in wahrscheinlich (proable) oder nachgewiesen (proven) klassifiziert."[1]

Bei gegebenen ökonomischen Bedingungen sind Reserven wirtschaftlich verwertbar, aber nicht identisch mit allen wirtschaftlichen abbaubaren Ressourcenmengen, da unentdeckte Ressourcen existieren können.

Reserven stellen kein Maß der geologischen Vorräte dar, sondern sie sind die Teilmenge, die nach geologischer Bekanntheit und Wirtschaftlichkeit definiert ist.

---

[1] miningscout.de ist ein Service von miningscout media UG (o.J.) Online unter: http://www.miningscout.de/glossar/r/reserven/ (abgerufen am 12.12.13)

III. Das Reserve-Produktionsverhältnis:

Das Reserve-Produktionsverhältnis gilt als Indikator der Ressourcenverfügbarkeit zur Abschätzung eines Zeitraumes, für den eine Ressource voraussichtlich noch verfügbar sein wird. Zur voraussagenden Jahresverbrauchsmenge kann entweder die Zahlen des letztjährigen Verbrauchs (=statische Reichweite) oder die vermutete Wachstumsrate (=dynamische Reichweite) herangezogen werden.

Die dynamische Reichweite basiert dabei auf einem Modell zur Verbrauchsentwicklung bei einer jährlichen konstanten Verbrauchszunahme. Da aber in diese dynamische Betrachtung einige Faktoren einfließen, die mit sehr großer Unsicherheit behaftet sind, wird in den rohstoffwirtschaftlichen und –politischen Diskussionen meist die statische Reichweite herangezogen.

Die statische Reichweite „...wird berechnet als Verhältnis der Reserven und der aktuellen Jahresförderung.“[1]. Das heißt sie gilt als Indikator für die Ressourcenabhängigkeit zur Abschätzung des noch verfügbaren Zeitraumes einer Ressource. Anders ausgedrückt, sie ist ein Maß für die Knappheit von nicht-erneuerbaren Ressourcen. Als Ergebnis bedeutet dies, dass die statische Reichweite den Erschöpfungszeitpunkt einer Ressource bei konstanter Förderung und fixen Reserven angibt. Sie wird in Jahren gemessen und stellt Reserven und Ressourcen in Zusammenhang mit ihrer Nutzung.

In Abb. 1 (siehe Anhang) ist die statische Reichweite der Reserven und Ressourcen nicht erneuerbarer Energieträger dargestellt. Dabei wird deutlich, dass Kohle das größte weltweit fossile Energiepotential beschreibt. Die statische Reichweite beträgt dabei mehr als 200 Jahre und die Gesamtressource[2] mehr als 1400 Jahre. Das ungünstigste Verhältnis ist bei Erdöl gegeben.

---

[1] ANDRULEIT et al., Bundesanstalt für Geowissenschaften und Rohstoffe (BGR) (o.J.): Energiestudie 2012 – Reserven, Ressourcen und Verfügbarkeit von Energierohstoffen, Hannover, Seite 32
[2] Gesamtmenge aus Reserven und Ressourcen

Aus ökonomischer Sicht muss man aber beachten, dass der Indikator „Reichweite" keine ökonomischen Randbedingungen berücksichtigt. Ökonomen gehen davon aus, dass:

1. die Abbaukosten
2. der Ressourcenpreis
3. die Nutzungskosten

einen entscheidenden Einfluss auf die zukünftige Nutzung haben und somit einen entscheidenden Faktor für die Verfügbarkeitsdauer sind. Diese Erhebung wurde 2009 von der deutschen Rohstoffagentur durchgeführt.

Zur Berechnung wird die Mengenangabe der Reserven und Ressourcen des betrachteten Energierohstoffes durch den aktuellen weltweiten Jahresverbrauch dividiert. Das bedeutet, dass die statische Reichweite auf einem augenblicklichen Kenntnisstand beruht und somit nur eine Momentaufnahme eines sich dynamisch entwickelnden Systems und damit keine Prognose-Instrument ist, sondern eine hypothetische, rechnerische Kenngröße.

Dies hat vielfältige Gründe:

1. Signifikante Änderung des Jahresverbrauchs durch Faktoren wie dem zunehmenden Energiebedarf von Schwellenländern (Bsp.: China, Indien, etc.)
2. Verschiebung der Grenzen zwischen Reserven und Ressourcen aufgrund von Rohstoffpreisänderungen
3. Wesentliche Vergrößerung von Reserven und Ressourcen durch fortschreitende Exploration[1] und technischer Fortschritte bei den Produktionsverfahren
4. Eine dem Jahresverbrauch entsprechende Produktionsrate kann über eine gesamte Nutzungsdauer eines Energierohstoffes nicht aufrechterhalten bleiben

Die Aussagekraft der statischen Reichweite ist somit begrenzt, da sich Parameter, Reserven und Förderung nicht statisch verhalten. Im Gegenteil, sie variieren abhängig vom geologisch-technischen Kenntnisstand und der wirtschaftlichen bzw. politischen Entwicklung. Dadurch, dass diese Faktoren

---

[1] Suche oder die Erschließung von Lagerstätten und Rohstoffvorkommen in der Erdkruste

bei der Berechnung der statischen Reichweite nicht beachtet werden, ist diese nur bedingt für eine inhaltsreiche Aussage über die künftige Versorgung mit Energierohstoffen geeignet.

Daher ist festzuhalten, dass der tatsächliche Erschöpfungszeitpunkt nicht von der statischen Reichweite abhängt.

Dafür gibt es zwei Gründe:

1. Nachfrage ist Marktpreisabhängig

    →geringes Ressourcenangebot führt bei gegebener Nachfrage zu einem höheren Preis

2. Definition der Begriffe „Reserven" und „Ressourcen"

    a) Reserven:

        • Es werden „...diejenigen nachgewiesenen Ressourcenvorräte verstanden, die bei gegebenen Bedingungen wirtschaftlich abbaubar sind."[1]

            →Bedingungen sind in diesem Fall der Ressourcenpreis und die Abbaukosten

        • „Diese sind kein Maß für die Gesamtheit der geologischen Vorräte, sondern stellen eine Teilmenge dar, die nach geologischer Bekanntheit und Wirtschaftlichkeit definiert ist"[2]

    b) Ressourcen:

        • „Diejenigen Mengen eines Energierohstoffes, die entweder nachgewiesen, aber derzeit nicht wirtschaftlich gewinnbar sind, oder aber die Mengen, die auf Basis geologischer Indikatoren noch erwartet werden und mittels Exploration nachgewisen werden können..."[3]

---

[1] WACKER, H. u. J. BLANK (1999): Ressourcenökonomik. Band 2: Einführung in die Theorie erschöpfbarer natürlicher Ressourcen. München. Wien. Seite 4
[2] ANDRUILEITt et al., Bundesanstalt für Geowissenschaften und Rohstoffe (BGR) (o.J.): Energiestudie 2012 – Reserven, Ressourcen und Verfügbarkeit von Energierohstoffen, Hannover, Seite 33
[3] REMPEL et al., Bundesanstalt für Geowissenschaften und Rohstoffe (BGR) (2007): Kurzstudie – Reserven, Ressourcen und Verfügbarkeit von Energierohstoffen 2007, Hannover, Seite 87

- „...sämtliche auf der Erde physisch vorhandenen Rohstoffvorkommen."[1]

Infolgedessen ist eine grundlegende Festlegung aufgrund der oben genannten Gründe nicht möglich. Die statische Reichweite auf der Grundlage von Reserven und Ressourcen kann als Weltjahresverbräuche helfen, über die momentanen Energierohstoffpotenziale einen Einblick zu bekommen.

---

[1] WACKER, H. u. J. BLANK (1999): Ressourcenökonomik. Band 2: Einführung in die Theorie erschöpfbarer natürlicher Ressourcen. München. Wien. Seite 4

IV.   Das McKelvey-Diagramm:

Das McKeley-Diagramm gibt jeweils die Rohstoff-Reserven an, die zum Angebot stehen. Es „...skizziert die Einordnung von Reserven und Ressourcen."[1]Dadurch lassen sich Reserven und Ressourcen noch weiter unterteilen. Dabei wird die Wahrscheinlichkeit eines Vorkommens gegen dessen Grad an geologischer Sicherheit gemessen.

Das McKelvey-Diagramm unterteilt Reserven und Ressourcen noch exakter (siehe Abb. 2 im Anhang):

1.   Identifiziertes bzw. bekanntes Vorkommen:

Dieser Punkt wird weiter unterteilt in:

   a)   Nachgewiesen:

   Hierzu zählen die durch Probeschließungen gemessenen und durch Explorationsbohrungen indizierten Reserven

   b)   Geschlussfolgert:

   „...Vorkommen, die aufgrund geologischen Wissens in noch nicht erforschten Gebieten geschlussfolgert werden können..."[2]

→ Zusammen bilden sie das identifizierte bzw. bekannte Vorkommen und bilden die Reserven bzw. die Grenzreserven, auf die weiter unten in der Ausführung eingegangen wird.

2.   Unentdecktes Vorkommen:

Weitere Unterteilung in:

   a)   Hypothetisch:

   Aufgrund geologischen Wissens in bereits erforschten Gebieten

   b)   Spekulativ:

   Aufgrund geologischen Wissen in noch - unerforschten Gebieten vermutet

---

[1] UNGER, G. (2009): Die Operationalisierung nachhaltiger Strategiepfade für die deutsche Energieversorgung und besoderer Berücksichtigung der erneuerbaren Energien. Lüneburg. Seite 45 Online unter: http://www2.leuphana.de/umanagement/csm/content/nama/downloads/download_p ublikationen/74-0_download.pdf (abgerufen am 12.12.13)
[2] WACKER, H. u. J. BLANK (1999): Ressourcenökonomik. Band 2: Einführung in die Theorie erschöpfbarer natürlicher Ressourcen. München. Wien. Seite 4

→ Diese bilden zusammen das unentdeckte Vorkommen und bilden
die Ressourcen

Bei der Darstellung des McKelvey-Diagramms nimmt der zunehmende Grad an geologischer Sicherheit von rechts nach links und der zunehmende Grad an Wirtschaftlichkeit von unten nach oben hin zu. Dies lässt sich aus den jeweiligen Definitionen von Reserven und Ressourcen wiederum ableiten. Ressourcen gehören laut Definition zwar zu den nachgewiesenen bzw. auch zu den unentdeckten Rohstoffvorkommen, aber die wirtschaftliche Gewinnung ist entweder noch nicht geklärt oder zu diesem Zeitpunkt noch nicht möglich. Im Gegensatz dazu gehören Reserven zu den nachgewiesenen und mit heutiger Technik wirtschaftlich gewinnbaren Rohstoffvorkommen. Dies ist in der rechten Spalte der Grafik zu erkennen.

Die Reservegrenze kann sich aufgrund laufender Explorationen und durch Änderungen des Marktpreises bzw. auch der Abbaukosten verschieben. Bei Steigerung des Marktpreises oder Senkung der Abbaukosten verschiebt sich die Reservegrenze nach unten. Wenn aber durch Explorationen neue Rohstoffvorkommen nachgewiesen werden, werden Reserven zu Grenzreserven. Dabei liefern diese Reserven nur einen geringfügigen Gewinn oder können gar nur die anfallenden Kosten decken.

Im Vergleich dazu, bezieht sich die statische Reichweite „...allein auf die nachgewiesenen und heute wirtschaftlich abbaubaren Reserven."[1]. Daraus kann man schlussfolgern, dass Reserven nur mit Einschränkung als Indikator für eine zeitliche Verfügbarkeit von Ressourcenvorräten dienen, da Rohstoffpreise von Angebot und Nachfrage bestimmt werden. Hierbei ist die Nachfrage wiederum von den Einsatzmöglichkeiten des Rohstoffes abhängig. Herrscht ein günstiges Produktionsverfahren eines gewünschten Endprodukts vor, so kommt es zur Steigerung der Nachfrage. Lässt sich jedoch der gewünschte Rohstoff durch z.B. Recycling ersetzen, so hat dies eine Senkung der Nachfrage zur Folge.

---

[1] WACKER, H. u. J. BLANK (1999): Ressourcenökonomik. Band 2: Einführung in die Theorie erschöpfbarer natürlicher Ressourcen. München. Wien. Seite 5

V. Lagerstätten:

Das Themenfeld der Lagerstätten, wobei es sich um eine eigene Naturwissenschaft handelt, darf man bei dem Thema Energie und Ressourcen nicht vernachlässigen. Es erforscht geologische Prozesse, die zur Rohstoffanreicherung in der Erdkruste führen. Der Begriff ist marktwirtschaftlich bzw. technisch definiert. In der angewandten Geologie wird Lagerstätte als „...Stelle, Gebiet mit einer Ansammlung nutzbarer Bodenschätze"[1] definiert.

Sie ist ein Teilgebiet der angewandten Geologie. Die natürliche Anreicherung von festen, flüssigen und/oder gasförmigen Rohstoffen (in diesem Fall Ressourcen) innerhalb der Erdkruste ist die Hauptaufgabe solcher Lagerstätten. Diese Rohstoffe können wiederum für wirtschaftliche und industrielle Zwecke genutzt werden und somit besteht die zweite Aufgabe in der Versorgung der Industriegesellschaft.

Hierbei wird unterschieden zwischen:
1. Bauwürdige Lagerstätten:

   Lagerstätten, deren Abbau wirtschaftlich profitabel ist
2. Nutzbare Lagerstätten:

   Lagerstätten, deren Abbau sich erst in der Zukunft wirtschaftlich lohnt

Wie oben beschrieben hängt das Angebot von der Nachfrage ab. Aber der Abbau hängt nicht allein vom Mindestgehalt [2] ab, sondern auch von wirtschaftlichen, technischen und politischen Faktoren:
1. Erschließungskosten:

   Erhöhung durch abgelegene Lage des Vorkommens, drastische Klimabedingungen oder durch fehlerhafte Infrastruktur
2. Abbaukosten:

   Hängen ab von:
   a) der Teifenlage in Erdkruste
   b) der Menge des anfallenden Grundwassers

---

[1] Bibliographisches Institut GmbH, Dudenverlag (o.J.):DUDEN. Berlin. Online unter: http://www.duden.de/rechtschreibung/Lagerstaette (abgerufen am 13.12.13)
[2] *cut-off-grade* = lohnen des Abbaus einer Lagerstätte

c) dem Energiebedarf der Produktion

d) den technischen Eigenschaften des Rohstoffes

3. Vermarktungskosten:

Werden durch die Transportweglänge zum Kunden bestimmt

Diese genannten Faktoren, die nur ein Auszug sind, müssen ins Verhältnis zum erzielenden Marktpreis gesetzt werden.

Die Klassifizierung von Lagerstätten wird nach den wirtschaftlichen wichtigsten Mineralbestandteilen vorgenommen:[1]

1. Elementrohstoffe:
   a. Erz-Lagerstätten
   b. Spatlagerstätten[2]
   c. Salz-Lagerstätten
   d. Schwefellagerstätten

2. Energierohstoffe:
   a. Kohlewasserstofflagerstätten (Erdöl, -gas)
   b. Kohle-Lagerstätten
   c. Geothermalenergie (im weitesten Sinne)

3. Eigenschaftsrohstoffe:
   a. Industrieminerale
   b. Lagerstätten der nutzbaren Gesteine
   c. Lagerstätten der Schmucksteine

Zur weiteren Klassifizierung werden sogenannte Vorratskategorien einbezogen.

---

[1] vgl. Mineralienatlas - Fossilienatlas - Geologieatlas – GeoLitho (o.J.), Vaterstetten. Online unter:
http://www.mineralienatlas.de/lexikon/index.php/Geologisches%20Portrait/Lagerst%E4tten (abgerufen am 13.12.13)
[2] Minerale ohne Metallglanz und mit guter Spaltbarkeit in mehreren Ebenen

1. Vorratskategorien:

Bildet die Grundlage für Ressourcenberechnung und auf das McKlevey-Diagramm bezogen Sicherheit zur Beurteilung. Dabei beschreiben die Vorratskategorien den ungefähren Kenntnisstand über jeweilige Vorräte. In diesem Fall sind die Kennziffern:

a) Fehlergrenze (FG)

b) Aussagesicherheit (AS)

Eine sichere Ressource kann erst dann aber als sicher gelten, wenn alle vorliegenden Daten die Fehlergrenze nicht mehr als 10% überschreiten oder eine Aussagesicherheit von mehr als 80% beschrieben.

Beispiel:

„..., wenn man zum Beispiel aus Probenahmen, Bohrungen, Kartierungen usw. in einer Lagerstätte einen Vorrat von 100.000 Tonnen Erz berechnet hat, dann sollte die wirklich vorhandene Menge zwischen 110.000 und 90.000 Tonnen liegen, und die Wahrscheinlichkeit, dass diese Menge über- oder unterschritten werden, sollte weniger als 20% betragen."[1]

Eine Fehlergrenze liegt in diesem Falle umso höher, desto spärlicher die Daten zu Verfügung stehen, aber die Aussagesicherheit ist dadurch kleiner.

Die übliche Einteilung der Vorratskategorien ist wie folgt:

a) **sicher/nachgewiesen („proven"):**

   Hierbei liegt die Fehlergrenze bei ca. 10% und die Aussagesicherheit bei über 80%. Ausdehnung und Form der Ressource dabei bekannt ist.

b) **wahrscheinlich („proable"):**

   Die Fehlergrenze liegt hier bei ca. 20% und die Aussagesicherheit zwischen 60 und 80%. Der Ressourcenumfang ist nur unvollständig bekannt, aber steht in Beziehung zu einer sicheren Ressource.

c) **möglich/angedeutet („possible/indicated")**

   Erhöhung der Fehlergrenze auf ca. 40% und Senkung der Aussagesicherheit auf 40 bis 60%. Durch verlässliche geophysikalische Messung oder Probebohrungen bekannt.

---

[1] Wikimedia Foundation Inc. (o.J.): Wikipedia, Die freie Enzyklopädie. San Francisco. Online unter: http://de.wikipedia.org/wiki/Lagerstätte (abgerufen am 13.12.13)

Im fortgeschrittenen Stadium wird die Ressource als gemessen („measured") bezeichnet. Die Wandlung einer Ressource in eine Reserve kann in diesem Stadium erfolgen, wobei der Wandlungszeitpunkt von diversen Faktoren wiederum abhängig ist.

d) vermutet („inferred"):

Die Fehlergrenze nimmt immer weiter zu und liegt in dieser Kategorie schon bei ca. 60 %, wobei im Gegenzug die Aussagesicherheit immer weiter abnimmt und hier nur noch bei ca. 20 bis 40% liegt. In diesem Fall wird das Vorhandensein von Ressourcen nur aufgrund von Messdaten vermutet. Diese Kategorie darf nicht als Basis Wirtschaftlichkeitsüberlegungen herangezogen werden.

e) prognotisch („undiscovered"):

Es handelt sich in dieser Kategorie um unentdeckte Lagerstätten, die man aber durch Vergleiche mit der Geologie erwarten kann. Hierbei können Vorräte noch weiter unterteilt werden in hypothetisch (AS 10 bis 20%) und spekulativ (AS unter 10%).

Die Entstehung der Klassifizierung der entdeckten Ressourcen baut sich wie folgt durch die Vorratskategorien auf:

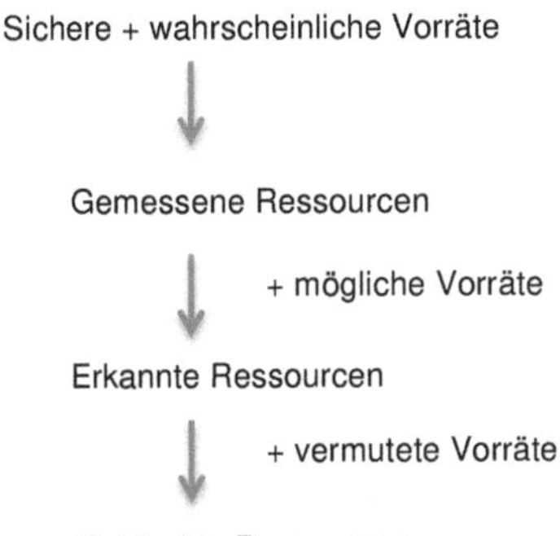

→ Entdeckte Ressourcen umfassen somit alle Vorräte, deren Lage, Qualität, Gehalt und Menge durch spezifische geologische Befunde sind oder geschätzt werden

→ Demgegenüber stehen die prognostischen/hypothetischen Vorräte bzw. Ressourcen

VI.   Fazit:

Diese Ausführung hat gezeigt, dass die Aktualität, die dieses Thema mit sich bringt, immer weiter steigt. Dadurch, dass die natürlichen erschöpfbaren Ressourcen sich selbst nicht innerhalb des menschlichen Zeitraumes erneuern können, ist man auf Ressourcen angewiesen, die man entweder durch Rezyklierung oder durch optimale Nutzung nutzen kann. Dabei ist aber zu beachten, dass selbst die Rezyklierung wieder Input von Produktionsfaktoren benötigt und somit die Menge die im Endeffekt genutzt werden kann, reduziert wird.

Das Reserve-Produktionsverhältnis gibt auf den ersten Blick einen Eindruck, wie lange eine Ressourcen noch verfügbar ist. Sie stellt mit Hilfe der statischen Reichweite ein Maß für die Knappheit nicht-erneuerbaren Ressourcen dar. Dies bedeutet, dass sie den Erschöpfungszeitpunkt einer Ressource in Abhängigkeit der konstanten Förderung und fixen Reserven angibt. Dabei ist aber zu beachten, dass die statische Reichweite die ökonomischen Randbedingungen außen vor lässt und die Parameter, Reserven und Förderung sich nicht statisch verhalten. Das bedeutet, dass die statische Reichweite nur bedingt für eine aussagekräftige Aussage über die künftige Energierohstoffversorgung geeignet ist.

Um bewusster zu machen, wie Ressourcen und Reserven, die noch vorhanden sind, unterteilt sind bzw. zur Verfügung stehen, ist das McKelvey-Diagramm sehr nützlich. Es zeigt auf der einen Seite die Reserven, die gemessen bzw. indiziert sind, die Grenzreserven, die sich nach Angebot und Nachfrage regeln und die Ressourcen, die hypothetisch bzw. spekulativ sind. Das Ganze wird in Abhängigkeit von dem zunehmenden Grad der Wirtschaftlichkeit und dem zunehmenden Grad an geologischer Sicherheit gesetzt. Das heißt, dass McKelvey-Diagramm gibt jeweils die Rohstoff-Reserven an, die zum Angebot stehen.

In der Diskussion um Energie dürfen die Lagerstätten, die eigentlich eine eigene Naturwissenschaft ist, nicht vernachlässigt werden. Dieses Themenfeld erforscht die geologischen Prozesse, die zur Rohstoffanreicherung in der Erdkruste führen und ist ein Teilgebiet der angewandten Geologie. Zur Klassifizierung solcher Lagerstätten werden zunächst wichtige Mineralbestandteile verwendet, aber auch sogenannte Vorratskategorien eingesetzt. Diese Vorratskategorien dienen dabei als Grundlage für die Ressourcenberechnung und zu sicheren Beurteilung beim McKelvey-Diagramm.

VII. Tabellen- und Abbildungsverzeichnis:

Tab. 1 Gliederung natürlicher Ressourcen

	Nutzung durch Bestandsabbau		Direkte Nutzung
Bestands-ressource	Nicht-rezyklierbar	Rezyklierbar	Nicht-metallische Rohstoffe
	Energieres sourcen	Metallische Rohstoffe	
Strom-ressource	Biomasse		Sonnenenergie, Windkraft

(WACKER, H. u. J. BLANK (1999): Ressourcenökonomik. Band 2:
Einführung in die Theorie erschöpfbarer natürlicher Ressourcen. München.
Wien. Seite 2)

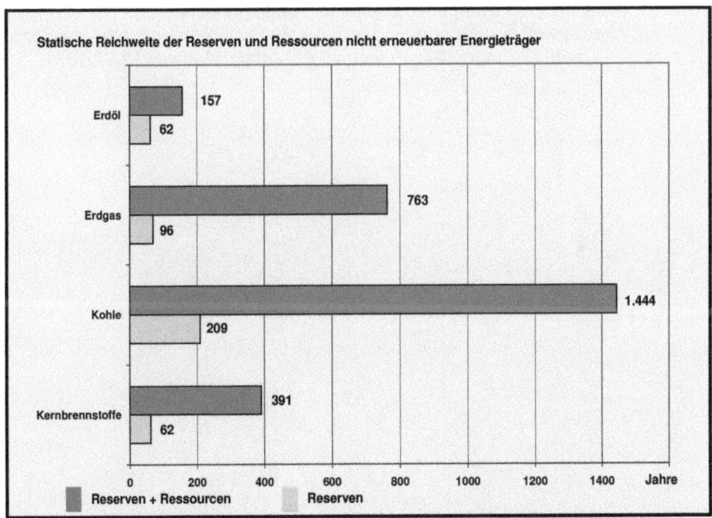

Abb. 1: statische Reichweite nicht erneuerbarer Energieträger
(UNGER, G. (2009): Die Operationalisierung nachhaltiger Strategiepfade für
die deutsche Energieversorgung und besoderer Berücksichtigung der
erneuerbaren Energien. Lüneburg. . Seite 45 Online unter:
http://www2.leuphana.de/umanagement/csm/content/nama/downloads/downl
oad_publikationen/74-0_download.pdf (abgerufen am 12.12.13))

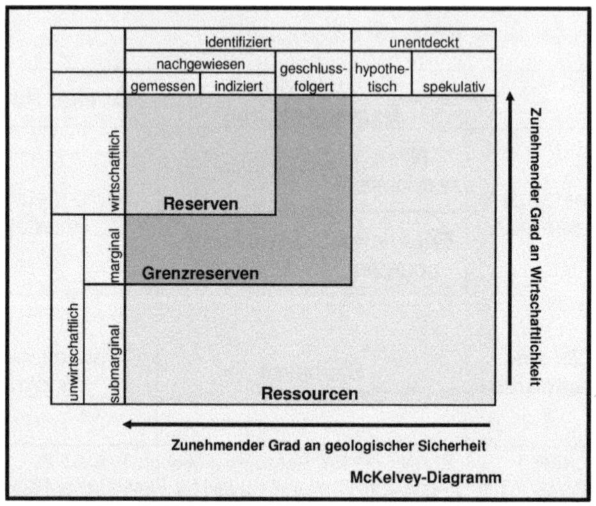

Abb. 2: McKelvey-Diagramm
(UNGER, G. (2009): Die Operationalisierung nachhaltiger Strategiepfade für
die deutsche Energieversorgung und besoderer Berücksichtigung der
erneuerbaren Energien. Lüneburg. . Seite 45 Online unter:
http://www2.leuphana.de/umanagement/csm/content/nama/downloads/downl
oad_publikationen/74-0_download.pdf (abgerufen am 12.12.13))

VIII. Literaturverzeichnis:

1. AUFDERHEIDE et al. (2010):Effizienz und Gerechtigkeit bei der Nutzung natürlicher Ressourcen.Berlin

2. ANDRULEIT et al., Bundesanstalt für Geowissenschaften und Rohstoffe (BGR) (o.J.): Energiestudie 2012 – Reserven, Ressourcen und Verfügbarkeit von Energierohstoffen, Hannover.

3. REMPEL et al., Bundesanstalt für Geowissenschaften und Rohstoffe (BGR) (2007): Kurzstudie – Reserven, Ressourcen und Verfügbarkeit von Energierohstoffen 2007, Hannover

4. UNGER, G. (2009): Die Operationalisierung nachhaltiger Strategiepfade für die deutsche Energieversorgung und besoderer Berücksichtigung der erneuerbaren Energien. Lüneburg.

5. WACKER, H. u. J. BLANK (1999): Ressourcenökonomik. Band 2: Einführung in die Theorie erschöpfbarer natürlicher Ressourcen. München. Wien.

6. BUNDESAMT FÜR UMWELT (BAFU) (2010): Preisentwicklung bei natürlichen Ressourcen. Vergleich von Theorie und Empirie. Bern. Online unter: www.umwelt-schweiz.ch/uw-1001- d (Zuletzt abgerufen am 13.12.2013).

7. Rocky Mountain Institute (o.J.) Online unter http://www.rmi.org/RFGraph-McKelvey_diagram_for_coal_gas_ resources (zuletzt abgerufen am 13.12.13)

8. Minaralienatlas – Fossilienatlas – Geologieatlas – GeoLitho (o.J.), Veaterstetten. Online unter http://www.mineralienatlas.de/lexikon (zuletzt abgerufen am 13.12.13)

9. Bibliographisches Institut GmbH, Dudenverlag (o.J.): DUDEN. Berlin. Online unter http://www.duden.de/rechtschreibung (zuletzt abgerufen am 13.12.13)

10. minigscout media UG (o.J.) Oline unter http://www.minigscout.de/
glossar